Adolphe Duponchel

Les Oasis
et la culture
du dattier
dans le Sahara

**Le savoir
en poche**

ISBN : 978-1546595625

10 9 8 7 6 5 4 3 2 1

Adolphe Duponchel

Les Oasis et la culture du dattier dans le Sahara

Le savoir en poche

Table de Matières

Section I

L'esprit public chez nous est en ce moment peu porté à l'enthousiasme. L'attention qu'il a prêtée aux projets de colonisation de l'Afrique centrale n'en est que plus remarquable, car chacun paraît commencer à comprendre que cette question, née d'hier, pourrait bien être une de celles qui intéressent le plus vivement notre avenir national.

En face de nous, sur les rives de la Méditerranée, à quelques heures de Marseille, nous possédons déjà l'Algérie, qui est plutôt une province qu'une colonie française, province très limitée toutefois, car elle ne comprend guère qu'une bande étroite de terrasses fertiles échelonnées sur les flancs d'un aride plateau. Au-delà s'étendent les vastes solitudes du Sahara que, jusqu'à ces derniers temps, de fabuleuses légendes nous représentaient commente type du désert, barrière infranchissable devant à tout jamais nous séparer de ce monde inexploré de l'Afrique équatoriale, plus inconnu, plus éloigné en fait que les régions des pôles ou de l'Océan-Pacifique, et cependant si rapproché de nous en distance réelle.

Des documents plus précis, dus à quelques hardis voyageurs et plus encore à la discussion attentive et sérieuse des renseignements fournis par les indigènes qui parcourent journellement dans tous les sens le Sahara, nous ont procuré des notions assez exactes sur sa constitution physique, qui ne diffère par aucun phénomène géologique particulier de celle des autres contrées du globe, qui n'est caractérisée que par les conditions spéciales du climat, la rareté des pluies, qui tarit les sources, dessèche le sol et rend impossible toute culture régulière.

Le Sahara nous apparaît dès lors sous un autre jour. S'il ne dépend pas de nous de modifier profondément son climat, d'en faire une terre fertile par elle-même, l'industrie moderne nous fournit les moyens de le supprimer en tant qu'obstacle matériel nous barrant la route de l'Afrique centrale. Un obstacle de ce genre n'existe, en effet, que tout autant que nous ne disposons pas d'engins de locomotion suffisants pour le franchir aisément.

Aux premiers âges du monde, lorsque l'homme ignorait les moindres éléments de la navigation, un étroit bras de mer comme l'Hellespont était une barrière plus infranchissable aux migrations des peuples qu'une forêt ou un désert de plusieurs centaines de lieues d'étendue. Pendant des milliers d'années, la navigation n'a cessé de se perfectionner, lentement d'abord, très rapidement dans l'époque moderne, et nous avons vu les obstacles de la voie maritime s'effacer et disparaître à tel point qu'un voyage autour du monde est de nos jours une entreprise moins longue et moins périlleuse que ne l'était la traversée de la Méditerranée pour les Phéniciens aux temps les plus prospères de leur civilisation.

Le progrès relatif des voies de communication terrestre était resté fort en arrière de celui des voies navigables. L'invention récente des chemins de fer a complètement renversé les termes du problème. Partout où nous pouvons les établir, ils éteignent rapidement toute concurrence rivale, non-seulement pour les voyageurs, mais encore pour les marchandises ; c'est ainsi, par exemple, que nous voyons le commerce des Indes, abandonnant tour à tour la voie du cap de Bonne-Espérance et celle de Gibraltar, emprunter successivement les tracés de chemins de fer qui lui permettent de faire un plus long trajet continental ayant son point d'attache hier à Marseille, aujourd'hui à Brindisi, demain à Salonique, en attendant le jour prochain où l'exécution du Central asiatique complétera un parcours exclusivement terrestre cinq fois plus long que la traversée du Sahara.

Si du domaine des faits qui se produisent sous nos yeux, nous passons à celui de l'hypothèse, n'est-il pas évident que, s'il était possible de faire surgir entre le Havre et New-York une bande de terre, ne fût-ce qu'une étroite langue de sable sur laquelle on pût poser les rails d'un chemin de fer, cette route nouvelle aussitôt construite, plus rapide, moins dangereuse que la route maritime, serait bientôt l'unique voie de communication entre les deux mondes ?

Ce que l'imagination seule nous permet de concevoir, la nature l'a réalisé pour nos communications avec l'Afrique centrale. Le Sahara, en effet, si aride, si désolé que nous voulions bien nous le représenter, est à tout prendre moins désert, moins dépourvu d'eau potable et des ressources de la vie animale, moins exposé aux périls des tempêtes que ne l'est une mer de même étendue. S'il est matériellement possible d'y construire et d'y exploiter un chemin de fer, — et tout indique que l'entreprise est non-seulement réalisable, mais relativement plus facile, moins coûteuse qu'elle ne le serait moyennement en tout autre pays, — il ne dépend plus que de nous de nous ouvrir un monde tout nouveau, situé à nos portes, contenant plus d'éléments de prospérité agricole et industrielle que ne pouvait en offrir l'Amérique à l'époque de sa découverte.

L'Afrique est avant tout, en effet, le pays des grandes régions équatoriales. Si nous considérons sur une mappemonde l'ensemble de notre hémisphère septentrional, nous voyons le parallèle de 11 degrés occupant le centre de la zone torride recouper en Afrique un arc continu de 70 degrés représentant 8,000 kilomètres de parcours, tandis que, franchissant les autres continents dans leurs appendices les plus étroits, il traverse à peine quelques centaines de kilomètres dans l'isthme de Panama en Amérique et la presqu'île de Malacca en Asie.

Ce n'est pas seulement par leur vaste étendue, mais par leur valeur relative et réelle que les régions équatoriales de l'Afrique méritent de fixer notre attention. Les récits des explorateurs qui, pendant la première moitié de ce siècle, depuis Mungo-Park jusqu'au docteur Barth, ont exploré le Soudan, ceux de leurs continuateurs qui, de nos jours, ont pris à tâche de remplir jusqu'au dernier les blancs de nos cartes, ne sauraient nous laisser de doute à cet égard. Tous s'accordent à nous signaler au-delà de la ceinture des marais du littoral l'existence de vastes contrées fertiles et salubres, habitées par des populations nombreuses et robustes, plus spécialement aptes à supporter les fatigues du travail sous les climats tropicaux, vivant dans un état demi-barbare, demi-sauvage, pour le moment sans commerce, sans industrie, presque sans agriculture, mais possédant tous les éléments de sol et de travail nécessaires au développement d'une grande production industrielle et agricole, n'attendant pour les mettre en œuvre que deux choses indispensables : une meilleure organisation sociale à l'intérieur et des voies, de communication faciles à l'extérieur.

Placées aux mains d'une puissance civilisée qui saurait s'en assurer l'accès exclusif et les vivifier par un protectorat intelligent et pacifique, ces riches contrées ne tarderaient pas à constituer un empire colonial plus important que ne le sont les Indes orientales aux mains des Anglais, qui par le développement progressif de ses échanges assurerait la prospérité matérielle de la métropole en même temps qu'il réaliserait, au point de vue humanitaire, une des plus grandes conquêtes que la civilisation ait jamais remportées sur la barbarie.

Une telle perspective a lieu de nous séduire. Elle explique comment l'idée du Transsaharien, dépouillant rapidement sa première enveloppe de chimérique utopie, avait pu s'imposer à nous comme une question des plus sérieuses. Eu ce moment, il est vrai, cette idée a perdu du terrain. On parait vouloir la rendre responsable de fautes qui ont été commises en son nom. Des désastres inattendus, bien qu'il eût été facile de les prévoir, ont marqué nos premières tentatives. Les revers de nos colonnes expéditionnaires dans le Sénégal et plus encore le massacre de la mission Flatters, au centre du Sahara, ont singulièrement refroidi l'opinion. On dirait qu'un mot d'ordre a été convenu dans la presse pour parler le moins possible de ces douloureux événements, comme si le silence pouvait en effacer la trace et dégager notre responsabilité.

Au double point de vue du présent et de l'avenir, la question du chemin de fer transsaharien n'a pourtant rien perdu de son importance, et sous peine de nous voir devancer et de laisser prendre par d'autres la magnifique position qui nous est offerte, nous ne saurions négliger beaucoup plus longtemps de nous en occuper. En tout cas, il est des responsabilités qui s'imposent, et le massacre de la mission Flatters est un de ces faits qui ne pourraient rester impunis, sans porter une grave atteinte à notre autorité matérielle et à notre prestige moral, non-seulement dans le continent africain, mais parmi les peuples civilisés qui nous entourent.

La répression directe, immédiate, de cet abominable forfait présente, sans doute des difficultés matérielles considérables. Pour beaucoup moins, les Anglais n'ont pas reculé devant les dépenses et les périls de l'expédition d'Abyssinie. Mais en allant, à travers un pays inconnu, atteindre et frapper au centre de ses forces le roi barbare qui l'avait insultée, l'Angleterre, était certaine de porter un grand coup dont le retentissement attesterait au. loin et pour longtemps son irrésistible puissance.

Nous n'avons plus le même objectif, en face d'un ennemi qui nous échappe par sa faiblesse, même, plus encore que par l'immense étendue des déserts qui le séparent de nous. Une expédition militaire, équipée à grand renfort de chameaux, pénétrerait-elle dans le massif des monts Hogghars, ne saurait jamais tirer qu'une bien stérile vengeance des tribus sauvages qui ont assassiné nos envoyés. Quelques cadavres de Touaregs, obscurément fusillés, quelques silos incendiés, ne seraient qu'une bien faible expiation. Le sang français si généreusement répandu réclame un monument plus durable et plus digne de lui ; et ce monument ne saurait être que le chemin de fer lui-même, allant à tout jamais porter la vie et les bienfaits de notre civilisation dans ces lointaines régions.

L'entreprise est digne de nous. Elle ne saurait d'ailleurs présenter des difficultés sérieuses, quand nous voudrons l'aborder résolument.

Une lutte contre des hordes barbares n'est périlleuse pour un peuple civilisé que lorsqu'il veut s'attaquer à elles, à armes égales, dans toutes les conditions d'infériorité relative que le pays et le climat peuvent créer pour lui ; elle est des plus aisées et des moins dangereuses quand celui qui l'entreprend sait user à propos de l'écrasante supériorité d'armement militaire que les progrès de notre industrie moderne mettent à sa disposition.

Avoir la prétention de soumettre et de pacifier le Sahara avec des colonnes militaires, péniblement ravitaillées par des convois de bêtes de somme, sera toujours une chimère irréalisable ; obtenir ce résultat par la construction progressive d'une voie de fer, ouvrant et explorant le pays à l'avant, en même temps qu'elle en garantit la soumission à l'arrière, est au contraire une opération des plus simples et qui, dans le cas particulier du chemin transsaharien, ne livrera rien au hasard.

Peu d'Européens ont, il est vrai, parcouru le Sahara. Il n'en est pas moins continuellement sillonné en tous sens par des caravanes d'indigènes, dont les renseignements recueillis et coordonnés par les patientes études d'hommes ayant une aptitude spéciale à ce genre de synthèse ont permis de nous donner des cartes dont toutes les reconnaissances directes n'ont fait que vérifier jusqu'ici l'exactitude générale. Le pays ne nous est donc pas inconnu, mais il nous est fermé, moins par fanatisme religieux que par jalousie de métier, de la part des habitants, gens de commerce pour la plupart, convoyeurs de caravanes, exploitant à leur manière les marchés du Soudan, voulant se conserver le monopole exclusif d'une route que la force seule pourra nous ouvrir.

Nul plus que moi ne rend justice au courageux et chevaleresque dévouement du colonel Flatters et de ses malheureux compagnons, tombés glorieusement en croyant accomplir un grand de voir patriotique. Mais s'il est des circonstances où l'abnégation puisse aller jusqu'au sacrifice de sa vie pour les intérêts généraux du pays, il en est d'autres où l'on doit savoir s'abstenir de tentatives aventureuses qui ne peuvent que lui créer des complications fâcheuses. C'est ainsi que, pour mon compte, j'ai toujours compris la question et que, seul ou à peu près de mon avis, au sein de la commission transsaharienne, je n'ai cessé de protester contre le principe de ces explorations lointaines qui me paraissaient aussi inutiles que dangereuses : inutiles en ce sens qu'elles ne pouvaient nous donner sur la configuration générale du pays et sur les conditions particulières d'un tracé de chemin de fer, de renseignements beaucoup plus positifs que ceux que nous possédions déjà ; dangereuses en ce que, faute d'une protection militaire suffisante, elles devaient fatalement aboutir à un échec plus ou moins sanglant. Au risque de me voir évincé de toute collaboration effective dans l'exécution d'un projet dont j'avais eu la première initiative, j'ai dû refuser de m'associer personnellement à ces tentatives hasardeuses. Je n'ai donc pas traversé le Sahara central ; je n'ai pas vu le Soudan et ne le visiterai probablement jamais, à moins que ce ne soit à l'avant ou à l'arrière-garde des chantiers de construction d'un chemin de fer ; mais j'ai parcouru les steppes et partie du Sahara algérien, aussi loin qu'il m'a été permis d'atteindre avec les ressources bornées dont je disposais, et j'ai trouvé dans cette première étape que devra tôt ou tard franchir la voie ferrée de l'Afrique centrale, le sujet de quelques études que le lecteur ne jugera peut-être pas indignes de son attention. L'essentiel pour moi a été de me convaincre par le témoignage de mes yeux que je ne m'étais pas trompé dans mes premières appréciations, que j'avais bien entrevu à distance la nature réelle de ces pays peu connus ; qu'elle ne différait en rien de celle des autres régions du globe et que, si les conditions climatologiques avaient nécessairement une influence capitale sur le développement normal de la vie végétale et animale, elles ne pouvaient sensiblement altérer les caractères géologiques d'un pays.

Ces caractères se retrouvent dans le Sahara ce qu'ils sont partout ailleurs. Sans doute les productions directes du désert ne suffiraient pas à alimenter à elles seules un chemin de fer ; elles sont pourtant loin d'être nulles. Bien aménagées, elles seraient susceptibles d'un grand accroissement et pourraient probablement donner à la voie de fer de sérieux éléments de trafic en même temps qu'elles en faciliteraient le ravitaillement.

Tels sont les faits qu'il m'a paru utile d'établir en résumant dans une courte description physique et agronomique du Sahara algérien quelques notes de lecture et plus encore quelques souvenirs personnels de voyage qui, s'ils n'ont pas d'autre mérite, auront au moins celui d'une parfaite sincérité. L'Algérie, unie au Maroc et à la Tunisie, constitue au nord-ouest du continent africain un même massif montagneux séparé du Sahara par des frontières géographiques nettement tranchées.

Dans l'ensemble de l'Algérie, ce massif présente la coupe assez uniforme d'un prisme tronqué dont la base supérieure serait évidée en cuvettes habituellement sans issues vers la mer, présentant, par suite, quatre versants distincts. Le versant méditerranéen, au nord, est composé de plaines fertiles, de riches vallées, analogues par leurs conditions de climat et de productions végétales à nos provinces similaires de la basse Provence et du Roussillon. Les deux versants intermédiaires écoulent en général leurs eaux intermittentes dans les bas-fonds marécageux des cuvettes intérieures, dont l'altitude varie de 400 à 800 mètres. Le versant du sud ou saharien, enfin, est découpé par de nombreuses vallées normales à la direction générale du massif. Celles de la province d'Oran se continuent directement vers le sud jusqu'à la rencontre des dunes de sables qui interceptent leurs cours. Les affluents des provinces d'Alger et de Constantine se concentrent, au contraire, dans une grande artère centrale, l'Oued-Djédi, qui se dirige de l'ouest à l'est parallèlement à la côte et se prolonge jusqu'au voisinage de Gabès par un long chapelet de marais desséchés dans lesquels on a cru voir, sans motifs bien sérieux, les vestiges d'une mer intérieure qui, aux premiers temps de notre époque géologique, aurait été en communication directe avec la Méditerranée. Ce chapelet de lacs desséchés, de *chotts*, forme aujourd'hui la limite de la Tunisie qui ne s'étend pas au-delà dans la direction du désert. Il est donc assez naturel de considérer l'O.-Djédi, qui le prolonge vers l'ouest, comme la frontière politique du Sahara ; mais sa frontière géographique devrait être plus naturellement reportée à la ligne de faîte qui domine les affluents de gauche de cette vallée.

Ainsi limité vers le nord, le Sahara algérien pourrait être considéré comme embrassant, en sus des vallées de la province d'Oran, l'entier bassin de la mer intérieure des chotts, dans laquelle convergent en même temps que l'O.-Djédi deux autres grandes vallées presque parallèles venant du sud : l'Igharghar, qui ramifie ses sources dans un massif montagneux, le Djebel-Hogghar, vaste formation de plateaux élevés, couronnés par des cimes qui doivent atteindre une altitude de près de 3,000 mètres, s'étendant au centre du Sahara jusque vers le 26e parallèle, et l'O.-Mia (les cent rivières), dont les nombreux affluents prennent leur source dans une série de plateaux beaucoup moins élevés que le Djebel-Hogghar. Il y a peu d'années que le tracé de ces artères d'écoulement a commencé à figurer sur les cartes du Sahara. A la rigueur, on pouvait comprendre cette omission pour l'Igharghar et l'O.-Mia, qui, pour la majeure partie de leur cours, ne nous sont connus que par les renseignements des indigènes ; mais le fait est plus étrange pour l'O.-Djédi, qui forme la véritable limite du massif algérien proprement dit, sur le cours duquel nous possédons les deux postes importants de Laghouat et de Biskra, et cependant jusque dans ces derniers temps le » cartes de l'état-major ont continué à l'indiquer par un trait ponctué, comme s'il s'agissait d'un affluent hypothétique du Zambèze ou du Congo.

L'ensemble de ces trois bassins occupant une superficie considérable de 8 à 10 degrés en tout sens, qu'on ne saurait estimer à moins de 100 millions d'hectares, est deux fois grand comme la France et comparable en surface au bassin du Danube. Tous ces lits de grandes rivières sont presque constamment à sec, sauf le cas des crues d'orage qui ont parfois un débit très considérable, mais dont les eaux, s'étalant à mesure sur d'immenses surfaces desséchées, atteignent rarement le bas-fond des cuvettes marécageuses où débouchent leurs vallées.

Dans les régions élevées des montagnes, vers le versant de l'Algérie et dans le massif des Hogghars, quelques affluents alimentés par des sources conservent un filet d'eau permanent pendant une certaine partie de l'année. Sur l'Igharghar un écoulement régulier se continue même, parait-il, jusqu'à Témassanin, à 200 kilomètres des sources les plus éloignées. Partout ailleurs les eaux ne tardent pas à s'infiltrer dans les graviers, où elles maintiennent leur lit souterrain, à moins qu'elles ne s'enfoncent dans des couches plus profondes, où elles constituent de véritables nappes artésiennes. Le plus souvent elles se maintiennent sous le sol sans issue apparente ; parfois, au contraire, elles reparaissent au jour, comme la nappe qui, après avoir absorbé les eaux de l'O.-Djédi à une vingtaine de kilomètres en amont de Laghouat, les ramènera la surface des sables vis-à-vis de cette oasis.

Malgré la faiblesse relative du débit de ses rivières desséchées, le Sahara est cependant un des pays où les phénomènes géologiques dus à l'action des eaux courantes se manifestent de la manière la plus visible. Je ne parle pas des grands bouleversements diluviens d'une époque géologique antérieure qui ont surtout donné au pays son relief actuel, caractérisé par de profondes érosions et d'vastes dépôts de terrains quaternaires, mais des actions lentes et journalières qui se continuent de nos jours. Cette anomalie apparente s'explique par ce fait que les principales modifications de surface dues aux phénomènes d'érosion et de dépôt sont depuis longtemps achevées dans les contrées sujettes à des pluies normales et régulières, qui ont acquis leur relief définitif ; tandis que dans le Sahara ce travail encore incomplet se poursuit avec toute son intensité première.

La différence est déjà très sensible entre les deux versants extrêmes du massif algérien. Sur le versant nord, les crues torrentielles des rivières alimentées par des pluies relativement fréquentes ont eu une puissance d'érosion suffisante pour entraîner les terrains meubles qui se trouvaient sur leurs parcours et encaisser profondément leur lit dans les terrains inaffouillables de la roche vive, à travers un dédale de gorges escarpées analogues à celles qui se retrouvent dans les terrains similaires de la France ou de l'Italie.

Sur le versant sud, au contraire, le phénomène d'érosion n'est encore qu'ébauché, et d'énormes formations de terrains meubles restent pendantes en terrasses élevées, faute de l'action d'un volume d'eau assez considérable pour les avoir entraînées. Une des plus intéressantes formations de ce genre que l'on pourrait citer pour type se rencontre en allant de Constantine à Biskra par Batna. Cette dernière localité se trouve au centre d'une vaste plaine ou, pour mieux dire, d'une large vallée bornée au sud comme au nord par deux rangées de collines calcaires espacées de plusieurs kilomètres. La route au-delà de Batna continue à monter avec une rampe très faible, qui est celle de la vallée, jusqu'au point culminant où l'inclinaison change de sens vers le Sahara à une altitude de 1,100 mètres au moins. Le changement de pente s'opère d'une manière si insensible, le terrain varie si peu d'aspect que, ayant à deux reprises parcouru la route en diligence, il m'a été impossible de juger à vue d'œil, à 5 kilomètres près, du point où elle cessait de monter pour commencer à descendre. Un faible sillon d'écoulement finit cependant par se creuser au centre de la vallée, s'encaissant peu à peu dans ses berges limoneuses, jusqu'au point où, distant de plus de 20 kilomètres du faîte, ce ravin s'effondre tout à coup par un saut brusque de 3 à 400 mètres à travers les talus de glaises déchiquetés d'un large entonnoir d'éboulement, dont mille ravins semblables déchirent les flancs à chaque crue, sans avoir pu nulle part s'asseoir sur la roche vive.

Comme terme de rapprochement pouvant mieux faire comprendre le caractère général de cette grande vallée à double pente qui s'étend au sud de Batna et de tant d'autres du même genre qui se retrouvent sur les versants des steppes algériens, je ne saurais mieux les comparer qu'à la large plaine du Lauraguais comprise entre Castelnaudary et Toulouse, des deux côtés du faîte de Naurouze, que franchit le canal du Midi. Au voisinage du seuil de partage, l'aspect des terrains est le même, et cette disposition similaire a cela de particulier, qu'un chemin de fer doit toujours franchir le faîte à niveau, sans tunnel ni tranchée. Mais quand on s'éloigne du sommet, les conditions géologiques ne tardent pas à devenir dissemblables. Tandis que, dans le Lauraguais, la différence d'altitude entre le sommet et Toulouse n'étant que de 50 mètres, la vallée se raccorde par une pente insensible avec celle de la Garonne ; sur l'Oued-Biskra, la différence de hauteur, atteignant plus de 1,100 mètres, est en grande partie rachetée par un saut brusque, un profond affaissement, au-delà duquel la rivière, prenant un cours torrentiel, tantôt s'engouffre dans des gorges escarpées, tantôt s'étale à travers de vastes plaines d'alluvions modernes, avant de rejoindre la grande artère pluviale de l'O.-Djédi, où finit son cours.

Il résulte de cet état des lieux, qui se reproduit sur tout le versant saharien, que si, faute de pluies suffisantes, les crues sont rares et de peu de durée, les eaux y sont en revanche chargées à saturation de matières limoneuses dont nos rivières réputées comme les plus riches en alluvions ne sauraient nous donner une idée. Ce ne sont pas des eaux troubles, mais de véritables boues liquides que charrient les torrens du Sahara ; et comme les rivières dans lesquelles ils se déversent n'aboutissent pas à la mer, que la plupart même n'atteignent pas les bas-fonds des lagunes intérieures, on peut comprendre la masse énorme d'alluvions que ces Nils éphémères doivent laisser déposer sur leurs rives.

Aux environs de Laghouat, sur l'O.-Djédi supérieur, c'est par milliers d'hectares que l'on compterait la surface de ces terrains, sur lesquels pourraient se continuer les cultures de l'oasis si les eaux étaient assez abondantes pour en assurer l'irrigation. Dans la partie inférieure de la même vallée, de Biskra à Saada, la traversée des alluvions de la rivière n'a guère moins de 20 kilomètres de largeur.

Ce fait de l'incomplète érosion des terrains meubles sur les sommets des versants sahariens, est une preuve de plus, jointe à bien d'autres, qu'on peut alléguer contre l'existence de la prétendue mer intérieure qui, dans le courant de notre époque géologique, aurait été en communication avec la Méditerranée, alimentée par le fleuve Triton des géographes latins, qu'on a voulu retrouver dans l'Igharghar ou l'O.-Djédi.

Il est aisé de comprendre en effet ce qui aurait dû se produire si de tels fleuves avaient existé, entretenus par des pluies régulières analogues à celle de nos climats de la zone tempérée. Les bas-fonds marécageux des steppes algériens se seraient remplis en formant de lacs permanents qui auraient fini par déborder et s'ouvrir une issue, soit vers la Méditerranée du nord, soit vers le golfe saharien du sud. Dans tous les cas, les immenses dépôts de terrains meubles accumulés sur les sommets auraient été entrâmes, déblayés jusqu'à la roche vive. Leurs débris, charriés par les torrents, auraient comblé les lagunes des bas-fonds, sur l'emplacement desquels se serait formé un vaste lac qui n'aurait pas tardé à déverser et à se creuser un chenal vers le golfe de Gabès. L'écoulement général des eaux se serait régularisé dans le lit d'un large fleuve encaissé dans ses propres alluvions, se ramifiant vers l'amont en trois grandes artères principales, ayant chacune un régime approprié aux conditions orographiques de son bassin particulier.

Toutes proportions gardées, avec des dimensions de bassin et des débits par suite dix fois plus considérables, l'Igharghar, au cours majestueux, prolongeant ses sources dans de hautes montagnes, traversant de larges plateaux, aurait été le Rhône de cet appareil fluvial dont l'O.-Mia eût représenté la Saône aux eaux dormantes et l'O.-Djédi la torrentielle Durance. Si un tel état de choses eût jamais existé, on en trouverait des traces certaines, ineffaçables, qu'on ne voit nulle part. L'œuvre d'érosion est à peine entamée et celle du dépôt n'est naturellement pas plus avancée.

Les alluvions modernes, comme je viens de le dire, n'en occupent pas moins d'immenses surfaces le long des fleuves sahariens ; mais en l'état, quelle que soit la richesse relative des éléments minéraux que contiennent ces terrains, ils ne sauraient contribuer beaucoup à la prospérité agricole du pays. L'alluvion limoneuse qui partout ailleurs constitue le type des terres éminemment fertiles, est frappée d'une complète stérilité tant qu'elle n'est pas arrosée, sous le climat du Sahara.

Le sol calciné par le soleil, desséché par le vent, pareil à l'argile battue d'une aire à dépiquer, devient imperméable à l'air comme à l'eau pluviale, sans que le moindre brin d'herbe puisse y pousser. La végétation naturelle, exclue des meilleures terres, ne se retrouve que dans les sols qui, sous nos climats, sont au contraire considérés comme les plus improductifs, dans les sables et les terres salées.

Les sables perméables à l'eau comme à l'air, laissant pénétrer l'eau pluviale et la préservant d'une trop rapide évaporation, produisent une végétation spéciale d'arbustes et de graminées traçantes, chiendens vivaces qui fixent les dunes et les recouvrent çà et là d'une maigre verdure.

Les terrains salés qui occupent de très grandes surfaces dans le Sahara algérien exercent sur l'atmosphère une action hygrométrique qui lui permet d'absorber et de retenir une certaine humidité favorable à la végétation spéciale de tamaris, de salsolées et autres végétaux grossiers qui, négligés dans les terrains analogues de notre littoral méditerranéen, constituent la-principale ressource nutritive des bestiaux dans le Sahara.

Section II

Les terrains arrosables, seuls susceptibles d'une culture régulière dans le désert, sont eux-mêmes salés le plus souvent. Cette catégorie de terrains mérite donc une attention toute particulière de notre part. Il ne sera pas dès lors inutile d'étudier ce genre de formations en les comparant à elles que nous retrouvons dans nos climats, où elles jouent un rôle beaucoup moins important, bien que trop négligé peut-être.

La salure du sol n'implique pas toujours, ainsi qu'on pourrait le croire, l'action première d'eaux fortement salées comme celles de la mer. Elle résulte plus habituellement de l'accumulation successive de très petites quantités de sel amenées chaque année par des eaux faiblement saumâtres. Le phénomène est dû surtout à la prédominance de l'évaporation sur la chute d'eau pluviale.

Dans les contrées humides et brumeuses du Nord, où l'évaporation est faible et notablement inférieure à la hauteur d'eau pluviale, les relais de mer, aussitôt qu'ils sont séparés de la masse salée, se dessalent d'eux-mêmes par le drainage continu de l'excédent d'eau atmosphérique qui doit prendre son écoulement de haut en bas à travers les couches du sous-sol.

Dans les pays, au contraire, où l'évaporation est notablement supérieure à l'eau pluviale, ce drainage naturel ne se produit pas. Le sol, accidentellement imbibé, ne s'assèche que par l'évaporation ramenant les eaux de bas en haut par une action de capillarité. Si ces eaux d'imbition sont saumâtres, le sel se dépose et se concentre momentanément à la surface en une couche cristalline, d'autant plus épaisse que les pores du sol ont été plus profondément vidés par l'action ascendante de la capillarité. Mais dès que cesse la sécheresse, quand surviennent de nouvelles eaux pluviales ou étrangères, leur premier effet est de dissoudre cette mince pellicule, de se saturer de son sel et de pénétrer avec lui dans les pores du sol, la capillarité agissant cette fois de haut en bas, dans le même sens que la pesanteur.

Le sel primitivement concentré à la surface se trouve ainsi ramené dans le sous-sol et s'y maintient sans mélange sensible avec les eaux de surface qui achèvent de remplir les conduits capillaires. Si ces dernières eaux sont elles-mêmes saumâtres, le même effet se reproduit à la saison suivante. Le sel cristallise à la surface pendant la sécheresse pour se redissoudre et descendre dans le réservoir du sous-sol au retour de l'humidité.

Dans ces conditions, qui sont celles de nos plages de la Méditerranée tour à tour asséchées en été et submergées en hiver par des eaux que leur communication naturelle avec les étangs littoraux a toujours rendues légèrement saumâtres, la salure du sol se manifeste par l'existence d'une couche saturée de sel, à une profondeur plus ou moins grande déterminée par la durée et l'intensité de l'évaporation estivale. Si cette profondeur est faible et que le terrain reste à l'état inculte, une partie de son sel remonte à la surface par les temps secs, redescend par les temps humides. Si la profondeur de la couche salée est considérable, si d'ailleurs le terrain est maintenu dans un état de culture régulière qui, par le binage du sol, ralentit l'évaporation en interrompant la continuité des tubes capillaires, la surface du sol finit par se dessaler superficiellement et par devenir apte au développement de la végétation.[1]

Ce cas de salure du sol par imbition supérieure est celui qui se présente le plus souvent dans nos climats ; mais il en est un autre assez fréquent dans le Sahara algérien, lorsque le sol est imbibé en sens inverse par des sources jaillissant dans le sous-sol même et venant s'évaporer à l'extérieur par une action continue de la capillarité. Dans ces circonstances, la couche cristalline se concentre à la surface et

[1] Sur les bords du bas Rhône, dans des terrains en état de culture depuis des siècles, des eaux de drainage recueillies à 1m,50 de profondeur sont souvent deux et trois fois salées comme l'eau de mer, contenant 50 à 60 grammes de sel par litre.
Cet équilibre en vertu duquel le sel se concentre à la longue dans le sous-sol des terrains salés, préservés par des digues de l'irruption des eaux saumâtres qui ont produit leur salure primitive, peut être troublé par des circonstances accidentelles, ramenant à la surface le sel inférieur. Le fait vient de se produire sans qu'on l'eût prévu, sur les terrains longeant le canal d'irrigation de Beaucaire. Ces terrains, à une altitude de 3 à 4 mètres, étaient depuis longtemps dessalés superficiellement et en état de culture régulière. Le sel n'y persistait pas moins dans le sous-sol et y décelait sa présence dans tous les puits, dont l'eau était fortement salée. Les filtrations du canal d'eau douce, quelques précautions qu'on ait prises pour rendre sa cuvette étanche, ont dissous le sel et fourni un élément nouveau à l'évaporation estivale. Le sel est remonté à la surface et stérilise tout le long du canal une bande de terrain dont la largeur, qui est déjà de plus de 100 mètres, s'accroît chaque jour, sans qu'on puisse entrevoir d'autre remède à cet inconvénient que de recourir à des submersions d'eau douce longtemps prolongées qui, en refoulant les eaux du sous-sol et les forçant à prendre un écoulement inférieur, finiront par dessaler le terrain, et cette fois pour toujours.

Adolphe Duponchel

elle s'y accumulerait indéfiniment, si elle n'était partiellement entraî-
née par le ruissellement des eaux d'orage qui vont à leur tour reproduire un phénomène de salure du premier genre dans les terrains
inférieurs sur lesquels elles se répandent. Ces deux modes de salure
se retrouvent fréquemment dans le Sahara algérien, principalement
dans sa partie centrale au voisinage du chott Mel-Guir, dans lequel
viennent déboucher les grandes artères fluviales du désert. Les eaux
de sources naturellement jaillissantes ou artésiennes de cette région
proviennent en effet pour la plupart des eaux pluviales tombées sur
les hauts plateaux des steppes algériens, recueillies dans des rivières
torrentielles dont un grand nombre traversent des formations gyp-
seuses entremêlées de couches de sel gemme qui leur donnent un
degré de salure parfois assez prononcé et leur valent le nom géné-
rique d'Oued-Melah (rivière salée) si fréquent sur les hauts plateaux.

La proportion de sel contenu dans nos bonnes eaux de source, en
France, s'élève rarement à plus de 20 ou 30 centigrammes par litre.
En Algérie, les eaux sont réputées bonnes lorsqu'elles ne contiennent
pas plus de 50 à 60 centigrammes. A Laghouat, dans la haute vallée de l'O.-Djédi, les eaux, autant que j'ai pu en juger au goût, n'en
contiennent pas davantage. Mais la proportion augmente très rapidement dans les parties basses du bassin. A Biskra, les eaux citées
comme des meilleures ne contiennent pas encore beaucoup plus
d'un gramme de sel par litre. En allant plus au sud, dans la région de
l'O.-Rir qui occupe la vallée réunie des deux grandes artères sahariennes, les eaux artésiennes qui alimentent les cultures et le plus
souvent les populations, n'ont jamais moins de 4 à 5 grammes de
sel par litre et parfois jusqu'à 8 grammes. Il faut y être accoutumé
comme le sont les indigènes pour consommer de telles eaux, qui
pour les Européens sont complètement impotables. En ce qui me
concerne, il m'a été impossible de m'habituer même aux eaux de
Biskra, qui, loin d'étancher ma soif, ne faisaient que l'exciter.

Pendant le peu de temps que j'ai passé dans cette oasis, parcourant
chaque jour 40 ou 50 kilomètres en voiture découverte, à l'époque
du solstice d'été, par des températures de 36 à 40° à l'ombre, je n'ai
jamais été incommodé par la chaleur, tempérée par un vent sec et
vivifiant ; mais je souffrais énormément de la soif, tout en vérifiant
et jaugeant à chaque instant des sources, jaillissantes d'une limpidi-
té parfaite, d'une fraîcheur relative des plus agréables, bien qu'elles
accusassent de 26 à 28 degrés au thermomètre, mais dont le goût
m'inspirait autant de répulsion que l'aurait fait l'eau de mer.

Section III

Il n'est aucun végétal à peu près utile qui, sous nos climats, puisse s'accommoder des conditions de sol et d'eaux d'arrosage que je viens de décrire. Aussi nos terrains salés du littoral de la Méditerranée sont-ils fort négligés. Ce n'est pas sans hésitation qu'on essaie parfois de tirer parti de ceux que l'on peut laver avec les eaux réellement douces. Il en est autrement dans le Sahara, dont le climat comporte le développement de deux espèces végétales qui résistent parfaitement à la salure du sol et des eaux. Ce sont le palmier-dattier et le cotonnier. Ce dernier malheureusement n'a pas seulement à lutter contre le sel, mais contre les dévastations des insectes, et principalement des sauterelles, qui presque toujours en rendent la culture impossible. C'est à cette cause surtout qu'on doit attribuer l'insuccès des tentatives souvent renouvelées pour propager dans les oasis la production du coton à longue soie, malgré la belle qualité des échantillons qu'on avait pu obtenir des premiers essais.

Le dattier est donc en fait le seul végétal réellement utile que puissent produire les terrains salés des oasis du Sahara. Le reste n'est qu'un accessoire dont l'importance a été fort exagérée par la plupart des voyageurs qui nous ont décrit ces îlots cultivés du désert.

Nos impressions personnelles dépendent beaucoup des conditions particulières de milieu dans lesquelles nous les éprouvons. Quand, après avoir parcouru pendant de longs jours les solitudes des steppes sans avoir vu autre chose qu'un sol rougeâtre et desséché, çà et là teinté de gris par une végétation poussiéreuse et rabougrie, — l'œil altéré de verdure comme le gosier l'est d'eau fraîche, — on rencontre fortuitement une oasis sur ses pas, on est prédisposé à la voir sous un aspect trop favorable pour l'apprécier à sa valeur réelle. La sensation qu'on éprouve est surtout déterminée par l'effet du contraste, et il est fort difficile de reproduire le tableau qu'on a sous les yeux sans en outrer les couleurs. Cette tendance à une exagération involontaire se retrouve en général dans les récits des voyageurs les plus véridiques, et bien plus encore dans les amplifications des poètes qui, brodant sur un thème facile, nous dépeignent les lieux tels que les voit leur imagination. Ce sont eux surtout qui nous ont fait la légende de l'oasis, ce paradis de fraîcheur et d'éternelle verdure, faisant pendant à la légende du désert, l'enfer brûlant de la mer des sables.

Pour mon compte, j'avais toujours eu beaucoup de peine à comprendre par avance cette végétation de fleurs et de fruits se développant le plus souvent sur des terrains salés, toujours sous la voûte ombreuse des dattiers. Chacun sait, en effet, que chez nous l'ombre est d'autant plus contraire à la végétation que le soleil est plus ardent. Sous les climats humides du Nord, on voit l'herbe des pelouses s'étendre d'elle-même en moelleux tapis de verdure dans des cours étroites ombragées d'arbres et de murs, tandis que sur le littoral de la Méditerranée, dans des conditions identiques, en dépit de toutes les irrigations, il est impossible de faire pousser ni fleurs ni gazons.[2]

L'influence toujours si pernicieuse des eaux salées employées à l'arrosage ne pouvait évidemment modifier cette loi générale dans un sens favorable, en passant d'une rive à l'autre de la Méditerranée.

J'ai visité à trois ans de distance les deux oasis de Laghouat et de Biskra, qui, par leur population et leur situation stratégique, sont nos postes les plus importants du Sahara algérien.

Si, dès d'abord, comme tout le monde, j'ai été saisi par le spectacle de la verte oasis succédant à la monotone aridité du désert, j'ai tenu à ne pas rester de confiance sous le charme de la première impression. Circulant sous ces dômes de verdure impénétrables aux rayons du soleil,. j'ai pu constater que l'absence d'air et de lumière et la salure du sol n'y étaient pas moins nuisibles que chez nous au développement de la végétation.

L'oasis de Laghouat, que j'ai vue la première, est située à 34 degrés de latitude dans la haute région de l'O.-Djédi, à une altitude de près de 800 mètres, qui est celle des hauts plateaux de l'Algérie. Les eaux d'irrigation dérivées de l'O.-Djédi y sont douces, mais peu abondantes. Elles servent surtout à assurer la reprise et la première pousse des jeunes palmiers, dont les racines ne tardent pas à atteindre une nappe générale d'eaux de filtration qui se trouve à une faible profon-

---

2 La généralité de cette loi me parait pouvoir se déduire de considérations de physique des plus simples. Les végétaux empruntent invariablement à la radiation solaire les forces nécessaires à leur développement vital, en chaleur, lumière et électricité. Or, on sait que la radiation solaire qui, à inclinaison égale, doit rester à peu près la même en tout lieu, si on la mesure à l'extérieur de l'atmosphère, n'arrive à la surface du sol qu'après avoir subi une déperdition ou, pour mieux dire, une transformation très variable, due à l'absorption atmosphérique. Cette absorption est relativement très faible dans les pays où l'air est sec et transparent. Elle est au contraire à peu près totale quand l'atmosphère est chargée de vapeur d'eau et surtout de nuages. Dans le premier cas, l'action de la radiation solaire agit en entier suivant la direction des rayons solaires et elle doit être interceptée au passage par le feuillage des arbres qui abritent le sol. Dans le second cas, au contraire, l'action solaire se trouvant diffusée dans l'atmosphère, se réfléchit dans tous les sens et produit les mêmes effets à l'ombre que dans les endroits découverts.

deur et qui suffit au plein développement de l'arbre, sans nouvelle irrigation.

Dans ces conditions, les dattiers réussissent assez bien et atteignent une hauteur de 20 à 30 mètres. Leurs fruits sont cependant peu savoureux et de qualité inférieure.

L'oasis, d'une superficie de moins de 200 hectares, contient environ trente mille palmiers disséminés en petits groupes dans des jardinets clos de hautes murailles, le tout donnant un ombre épaisse sous laquelle la végétation n'a rien de luxuriant.

En dehors des plantations de l'oasis proprement dite s'étendent de vastes champs d'orge qui donnent une moisson passable quand les crues- du printemps de l'O.-Djédi permettent de les arroser assez abondamment. On a d'ailleurs, depuis l'occupation française, multiplié les plantations de saules et autres bois de rivage, tant sur les rives des canaux d'irrigation que sur les berges même du lit sablonneux du torrent.

Comme production, l'ensemble est en somme fort médiocre. Il n'a été fait et il ne paraît guère possible de faire à Laghouat un essai sérieux de colonisation agricole, et il n'y a dans la ville d'autre commerce que celui qui est nécessité par les besoins du ravitaillement d'une garnison assez nombreuse.

L'aspect de l'oasis n'en a pas moins quelque chose de séduisant, lorsqu'on la découvre subitement, noyée dans la brume opaline d'un ciel orangé, avec ses longues files de saules et de peupliers découpant leurs feuillages d'un vert tendre sur le sombre massif des palmiers, que domine au centre le minaret d'une élégante mosquée ; et sur les côtés les murailles de forteresses enroulant leur enceinte crénelée sur la crête des deux énormes rochers qui encaissent la ville. Les Français lui ont conservé son ancien emplacement, en la trouant de longues rues droites, bordées d'arcades aux couleurs voyantes qui masquent les vieilles masures de boue des indigènes.

C'est un vrai paysage d'Orient, dont je n'ai rencontré l'équivalent en aucun autre point de l'Algérie. Je m'attendais en effet à trouver mieux encore à Biskra. L'oasis plus étendue paraissait de voir fournir des éléments d'un plus beau décor, mais on en a bien moins tiré parti. La ville française a été construite à près de deux kilomètres de l'oasis. Rien n'annonce de loin sa présence, et c'est par une route poudreuse, à travers des champs de manœuvre calcinés, que l'on arrive à une porte ouvrant dans un mur d'enceinte, a l'intérieur duquel on prouve un désert d'un autre genre où, çà et là, s'alignent en forme de rue des maisons basses à simple rez-de-chaussée, perdues dans de vastes espaces de terrains vagues, promenades publiques sans promeneurs, parsemées d'arbres grêles dont le maigre feuillage abrite quelques touffes de lauriers-roses enfouis sous les mauvaises herbes. Dans l'espérance, en effet, d'obtenir plus tôt de l'ombre, et peut-être dans l'unique désir d'innover, les administrations locales ont proscrit les palmiers de leurs plantations publiques et les ont remplacés par des arbres d'Europe qui viennent fort mal, ou des essences d'origine tropicale, telles que les gommiers ou les cassiers, maigres acacias qui ne se distinguent pas plus par l'élégance de leur feuillage que par la majesté de leur port. Cet essai malheureux n'en a pas moins eu l'inconvénient d'absorber une assez grande quantité d'eau, au détriment de la véritable oasis, qui a vu, paraît-il, diminuer notablement le nombre de ses palmiers, évalué à plus de cent mille avant notre arrivée. Ces plantations anciennes, restées aux mains des indigènes, ne commencent guère qu'à 2 kilomètres de la ville française et se prolongent vers le sud, traversées par la route de Touggourt, bordée de jardins dont les clôtures en pisé sont moins élevées que celles de Laghouat, mais dont les cultures ne m'ont pas paru beaucoup plus prospères, même celle des dattiers, qui ne sont pas plus vigoureux et ne produisent pas de fruits beaucoup meilleurs.

Les eaux d'irrigation de l'oasis étant saumâtres, à peine potables pour les Européens qui n'y sont pas habitués, peu de végétaux peuvent s'en accommoder. Aussi les légumes et les fruits sont-ils très rares à Biskra, et ceux qu'on parvient à y faire pousser à force de soins sont-ils dépourvus de saveur, ainsi qu'il arrive chez nous à ceux qu'on essaie de cultiver dans les terrains salés. Peut-être pourrait-on faire une exception en faveur de la vigne. J'ai vu dans les jardins de Biskra quelques treilles assez belles, chargées de fruits, mais encore trop loin de leur point de maturité pour qu'il m'ait été possible d'en apprécier la qualité.

La colonisation et le commerce français n'ont pas beaucoup plus d'importance à Biskra qu'à Laghouat. Deux hommes cependant, également dignes d'éloges, y ont tenté des établissements d'un ordre très différent qui permettent de juger ce qu'on peut attendre de ce pays au point de vue agricole. Ce sont MM. Landon et Duffourg.

Le premier, possesseur d'une grande fortune dont il se plaît à faire un généreux emploi, a créé à très grands frais, entre la ville française et l'oasis indigène, un magnifique jardin d'agrément dans lequel il s'est efforcé d'acclimater tous les végétaux des pays chauds. Il n'a rien épargné à cet effet, et il serait difficile de trouver, où que ce soit, un parc tenu avec plus de soin, sans un grain de poussière sur les fleurs, une feuille morte dans les allées, une plante parasite dans les massifs. Trente jardiniers à l'année ne cessent de bêcher, arroser, ratisser à l'envi. Le résultat de tant de sacrifices n'a malheureusement pas répondu à ce qu'on pouvait en espérer. Les plantes tropicales, entretenues avec tant de luxe dans le parc Landon, sont loin d'avoir cette ampleur de formes, cette luxuriance de végétation que l'on a obtenue par exemple au Jardin d'acclimatation d'Alger, avec des frais probablement beaucoup moindres, bien que sur une plus grande surface.

C'est sans doute en partie à l'influence du climat plus chaud, mais moins égal et moins humide à Biskra qu'à Alger, qu'on doit attribuer cet échec relatif. Mais il est dû surtout à l'action des eaux saumâtres qui servent aux irrigations de l'oasis.

M. Duffourg a opéré dans des conditions différentes, en vue d'essayer la culture des plantes productives. Il a d'abord fait des efforts persévérants, couronnés de peu de succès, pour propager le cotonnier. Le climat, la nature du sol et des eaux paraissaient éminemment propres à la variété longue soie. Malheureusement on a eu à lutter, ou plutôt on n'a pu lutter contre les dévastations des sauterelles ; et M. Duffourg a dû se restreindre à la culture essentiellement locale du dattier. Après avoir multiplié avec un certain succès ses plantations à sa ferme d'El-Outaya, dans la vallée de l'Oued-Biskra, à une vingtaine de kilomètres au nord de la ville, il a essayé plus récemment de les introduire plus à proximité dans des conditions de sol et d'arrosage particulières présentant assez d'importance pour qu'il me paraisse nécessaire d'entrer à ce sujet dans quelques détails de topographie agronomique.

Biskra est considéré comme la capitale de la région des Zibans, qui, sur une centaine de kilomètres de l'ouest à l'est, embrasse la basse vallée de l'O.-Djédiet de quelques affluents parallèles venant déboucher dans la lagune centrale du chott Mel-Guir.

Les Zibans, ou pour mieux dire le Zab, au singulier, se divise en deux régions distinctes : le Zab de l'ouest et le Zab de l'est, séparés par l'Oued-Biskra, qui se réunit à l'O.-Djédi à 25 kilomètres en aval de cette ville.

Le Zab de l'est est adossé vers le nord à des contreforts de plus en plus élevés qui se prolongent d'étage en étage dans le massif montagneux de l'Aurès, où se trouvent les plus hautes cimes de l'Algérie.

Le Zab de l'ouest, au contraire, est séparé des chaînes culminantes de l'Atlas algérien par un bassin intérieur fort étendu, celui du Hodna, dont la cuvette est à une altitude de 350 mètres et dont la ligne de faîte, séparative des vallées sahariennes vers le sud, ne dépasse pas 450 à 500 mètres.

Il résulte de cette disposition des lieux que, si les chotts ou bas-fonds marécageux des plateaux de la province de Constantine venaient à se remplir jusqu'au point de débordement, ceux qui sont au nord de l'Aurès se déverseraient dans la Méditerranée, tandis que le Hodna déboucherait dans l'O.-Djédi. Les premiers bassins peuvent donc être considérés comme méditerranéens, le dernier comme saharien ; et il y a tout lieu de supposer que toutes les eaux de pluie tombées sur ses versants qui se réunissent dans sa cuvette centrale doivent, après s'être infiltrées dans le sol, aller alimenter les nombreuses sources qui naissent au pied des contreforts du Zab occidental, entre les deux affluents principaux de l'O.-Biskra et de l'O.-Sadory, qui limitent cette région, le premier à l'est, le second à l'ouest. Biskra, aujourd'hui la ville la plus importante de la contrée, se trouve au débouché de la rivière de ce nom dans la vallée de l'O.-Djédi. Aucun centre de population n'existe aujourd'hui dans une position analogue au débouché de l'O.-Sadory ; mais on retrouve à Doussen des ruines romaines très considérables qui prouvent que les sources abondantes qu'on y rencontre n'étaient pas autrefois moins bien utilisées que ne le sont actuellement celles de Biskra.

L'O.-Djédi, dans cette partie de son cours, fidèle à la loi classique, empiète sur sa rive droite. Son débit d'étiage presque nul, qui n'atteignait pas 59 litres à la seconde au mois de juin, n'a pas, il est vrai, la force de ronger la formation du poudingue qui lui sert de berge, mais il l'empâte sous un manteau d'alluvions progressives, dont la nappe continue s'étend vers la gauche sur une largeur de 20 à 30 kilomètres, jusqu'au pied des contre-forts du massif algérien, sur lequel elle se prolonge en terrasses successives d'une hauteur totale de 40 mètres au moins. Il serait assez difficile de préciser si ces alluvions relativement élevées, mais de même nature que celles de la basse vallée, ont été déposées directement par la rivière ou remaniées par le vent. En tout cas, elles empâtent le pied des coteaux, à la base desquels sourdent les eaux de source provenant des infiltrations de la région du Hodna. Parmi ces sources, celles qui ont un débit assez considérable ont pu s'ouvrir un chenal à travers les alluvions. Telle est la source d'Oumach, distante de 8 à 10 kilomètres ide Biskra, dont le débit n'est pas de moins de 200 litres à la seconde et qui a déblayé son lit d'écoulement jusqu'à la roche vive ; mais le plus souvent les sources, s'imprégnant dans le sol par filtration de bas en haut, viennent s'évaporer à la surface, où se concentre le sel dont elles sont chargées. Sur toute la distance de 50 kilomètres qui sépare Biskra de Doussen, on chemine sur un terrain salé de cette nature où les affleurements salins indiquent partout la présence de l'eau que des fouilles mettent à jour à de faibles profondeurs.

J'ai vu sur ma route un grand nombre de sondages d'essai faits par M. Duffourg qui n'ont pas plus d'un mètre de profondeur, formant autant de puits d'eau relativement douce, dont profitent les indigènes qui doivent y faire des haltes fréquentes, ainsi qu'on peut en juger à la quantité de noyaux de dattes qui germent dans les déblais retroussés sur les bords de la fouille. Des galeries de drainage convenablement dirigées permettraient de capter ces eaux et de les réunir en courant assez abondant pour les faire servir à l'irrigation des terrains inférieurs. M. Duffourg s'est proposé de les utiliser d'une manière plus simple par des plantations de palmiers puisant directement l'eau qui leur est nécessaire dans la nappe filtrante inférieure. A cet effet, il commence par défoncer le sol pour en rompre la croûte cristalline ; après quoi il le fait niveler au moyen de galères à main maniées par des hommes. Le sol ainsi préparé, on ouvre, en les descendant jusqu'au niveau de la nappe filtrante, des tranchées régulières également espacées, dans lesquelles on dispose les plants de palmiers à 10 mètres les uns des autres. Les tranchées une fois comblées, on arrose abondamment, avec les eaux d'une source supérieure, les jeunes plants, qui finissent par s'enraciner dans ce sol toujours imbibé d'eau tant par le haut que par le bas. Comme on ne plante, pour maintenir les bonnes espèces, que des drageons séparés des vieilles souches, n'ayant que peu de racines, la reprise est en général assez lente, et il faut parfois de deux à trois ans pour que la végétation commence à se manifester. Elle se développe ensuite assez rapidement pour qu'il soit inutile de continuer les arrosages superficiels ; mais il ne faut pas moins de huit à dix ans pour que l'arbre soit en état de bon rapport.

Ce genre de culture n'est pas, comme on le voit, sans exiger des frais considérables et une longue perte de temps et d'intérêts. Le produit du dattier est cependant suffisant, paraît-il, pour compenser de pareils sacrifices. En tout cas, l'expérience de M. Duffourg paraît digne de fixer l'attention, car, si elle réussit, comme il y a lieu de l'espérer, elle pourrait permettre la mise en valeur d'une grande étendue de terrains qui, jusqu'ici, étaient restés complètement improductifs. Les oasis existantes sont en effet toutes situées dans la vaste plaine d'alluvion de la vallée, desservies concurremment par les sources principales descendant des coteaux, amenées par des canaux d'une grande longueur, où elles subissent des déperditions considérables, et par des dérivations de l'O.-Djédi, qui ne fonctionnent que d'une manière très intermittente.

Section IV

J'ai cru de voir donner quelques détails assez circonstanciés sur les productions végétales de la vallée de l'O.-Djédi, que j'ai plus particulièrement parcourue. Cette région toutefois, bien que la plus peuplée du Sahara algérien, est loin d'être dans les meilleures conditions pour la culture du dattier : Laghouat est à une altitude et Biskra à une latitude trop élevées. Il faut descendre plus au sud pour rencontrer la véritable patrie de cet arbre providentiel du désert, qui se trouve surtout comprise entre les 30° et 34° degrés parallèles, entre le chott Mel-Guir et Goléah.

Deux régions distinctes du Sahara algérien sont plus particulièrement aptes à ce genre de culture : la vallée de l'O.-Souf, parallèle à la direction des chotts, et la vallée ou dépression de l'O.-Rir, qui comprend l'estuaire commun des vallées de l'Igharghar et, de l'O.-Mia, en aval de Touggourt, et la basse vallée de l'O.-Mia en remontant de Touggourt à Ouargla.

La vallée de l'O.-Souf, voisine de la région des grandes dunes sahariennes, est plus particulièrement exposée à l'irruption des sables mouvants. L'eau n'y est pas jaillissante, mais se trouve en nappe continue au-dessous du sol. Quand la profondeur de cette eau est grande, on l'élève au moyen d'appareils de puisage plus ou moins ingénieux ; mais quand elle n'est qu'à une faible distance de la surface, les indigènes recourent à un mode de plantation analogue à celui que nous venons d'indiquer comme essayé par M. Duffourg sur les terrains des Zibans. Les arbres sont plantés dans des trous descendus au contact de la nappe liquide, et parfois, quand son épaisseur est trop considérable, on enlève à la main la couche supérieure avec laquelle on constitue des digues de clôture destinées à arrêter l'envahissement des sables mouvants. Mais ces abris ne tardent pas à devenir insuffisants, et on est obligé de les relever constamment jusqu'au jour où, la tâche devenant trop pénible, on abandonne l'oasis, dont les arbres finissent par être étouffés sous une dune d'autant plus élevée que les sables extérieurs ont été contenus à une plus grande hauteur.

Dans la vallée de l'O.-Rir, depuis le chott Mel-Guir jusqu'à Ouargla, les plantations de palmiers sont arrosées par des sources jaillissantes provenant de puits artésiens forés à une profondeur moyenne d'une soixantaine de mètres.

De tout temps, les indigènes ont connu l'usage de ces puits, et il s'était formé chez eux une corporation de puisatiers spéciaux qui, au prix de grandes fatigues et de grands dangers, parvenaient à les ouvrir et plus difficilement encore à les entretenir par les procédés les plus primitifs. Un des plus grands bienfaits de l'occupation française a été d'introduire dans cette partie du Sahara algérien les méthodes de forage usitées aujourd'hui pour le percement des puits artésiens avec tubage métallique. Un premier sondage, tenté au mois de mars 1856, fit jaillir, à la grande surprise et grande joie des indigènes, une source donnant 4,000 litres par minute, suffisant à l'irrigation de 15,000 palmiers ; et, depuis cette époque, plusieurs ateliers, sous l'habile et persévérante direction de M. Jus, n'ont cessé de fonctionner pour multiplier ces puits artésiens, non-seulement dans l'O.-Rir, mais en diverses autres régions du Sahara et des steppes algériens. Mais c'est surtout dans la dépression de l'O.-Rir que les résultats les plus remarquables ont été obtenus. D'après le dernier rapport officiel de 1878, le nombre de puits forés par les ateliers français s'élève à soixante-quatre, représentant une longueur de tubage de 4,320 mètres fournissant ensemble 98,238 litres d'eau à la minute, soit une moyenne de plus de 1,500 litres par puits. Le débit de ces puits varie d'ailleurs dans de grandes proportions entre un maximum de 4,800 litres et un minimum qui, en certains points, est descendu à 20 litres. Il paraît exister deux zones principales d'approvisionnement, dont la moins importante se concentre à la pointe sud-ouest du chott Mel-Guir, la plus considérable aux environs d'Ourlana, aux deux tiers de la route de Touggourt, occupant une superficie de plus de 200,000 hectares, sur laquelle M. Jus croit pouvoir compter que les puits ne donneraient guère moins de 3,000 litres à la minute.

L'irrigation moyenne d'un palmier étant convenablement desservie avec un débit de 0l,20 par minute, soit S peu près 125 mètres cubes d'eau par an, chaque puits artésien de cette région pourrait suffire à l'alimentation de 15,000 palmiers à répartir sur une superficie de 150 hectares. D'ans ces conditions, les puits devraient être espacés à 4,200 mètres l'un de l'autre, distance à laquelle ils ne peuvent se nuire réciproquement, et la zone de grand approvisionnement signalée par M. Jus pourrait recevoir prés de 20 millions de palmiers. Ce nombre serait-il réduit de moitié et même des trois quarts qu'il n'en resterait pas moins la possibilité de créer sur ce point un capital agricole d'une grande valeur. Un palmier en bon état de rapport, convenablement fumé, rapporte facilement 40 à 50 kilogrammes de dattes. Dans les conditions d'une grande cultures sans fumier, on peut compter sur un rendement moyen de 15 kilogrammes d'une valeur de 3 francs. Ce chiffre n'a rien d'exagéré puisque, en l'état, les indigènes paient sans trop de gêne un impôt variant de 0 fr. 30 à 0 fr. 50 par pied.

Quant aux frais d'installation, ils ne seraient pas considérables. Le terrain est sans valeur. Les communes indigènes consentent facilement pour moins de 1,000 francs l'a vente d'un lot de 200 à 300 hectares pouvant au besoin recevoir 30,000 palmiers. Le forage des puits artésiens revient à un prix moyen de 60 à 70 francs par mètre de profondeur. Dans les conditions ordinaires, un puits ne coûte pas plus de 4,000 francs. M. Jus compte sur une dépense de 1 fr. 50 par pied d'arbre pour achat de plant et frais de plantation. Sur ces bases, il établit à 20,000 francs le prix de revient d'une oasis complantée de 10,000 pieds d'arbres qui, d'après lui, seraient en état de rapport dès la cinquième année. Ces chiffres me paraissent faibles, et il est probable qu'il faudrait dépenser un peu plus, et attendre un peu plus longtemps avant d'avoir un. produit rémunérateur. en tout cas)i les frais d'entretien paraîtraient de voir être largement couverts dès la première année par la récolte de l'orge arrosé avec l'excédent des eaux d'hiver. Les cultures d'entretien et l'arrosage seraient confiées, suivant l'usage, à des colons paritiaires qui prélèvent moitié de l'orge et 1 sixième seulement des dattes.

Dans ces conditions, quand la plantation serait arrivée à l'état complet de rapport, elle pourrait donner 150,000 kilogrammes de dattes d'une valeur brute de 30,000 francs, laissant au propriétaire un revenu net de 24,000 francs, supérieur aux frais de premier établissement. Cette perspective est assez séduisante pour avoir déjà tenté quelques capitalistes, qui, sur les conseils de M. Jus, ont commencé l'installation de plusieurs plantations aux environs d'Ourlana, dans le centre de l'O.-Rir, et il n'est pas douteux que de pareils établissements ne tarderaient pas à se multiplier si l'ouverture d'un chemin de fer permettait au propriétaire d'exporter facilement ses produits et de surveiller par lui-même ses plantations, tout au moins au moment de la récolte. Sauf l'époque des grandes chaleurs de l'été, pendant lesquelles il faudrait pouvoir quitter un pays devenu malsain, le climat du Sahara est des puis salubres, et le séjour ne peut en être que favorable aux Européens. L'exemple des dernières explorations

Section IV

envoyées par le ministre des travaux publics, dont le personnel n'a pas compté un seul malade pendant un voyage de plusieurs mois, ne saurait laisser subsister de doute à cet égard.

Si les Européens n'ont rien à redouter du climat et de la température, aisément supportable du mois d'octobre au mois de juin, ils éprouveraient cependant une difficulté réelle à s'accoutumer à consommer des eaux contenant rarement moins de 4 grammes de sel par litre.

Les indigènes seuls peuvent en faire leur boisson habituelle, et encore n'est-ce pas sans inconvénient pour eux ; car il est assez naturel d'attribuer à cette cause différentes maladies inhérentes au pays, telles que le furoncle connu sous le nom de clou de Biskra. Une des plus grandes améliorations hygiéniques à apporter au régime des populations habitant les régions à palmiers du Sahara algérien serait de leur assurer un approvisionnement d'eaux réellement potables qu'il serait assez difficile de se procurer en recourant aux sources naturelles, qui ont presque toutes la même origine et le même degré de salure. Comme il ne s'agirait toutefois que de l'eau nécessaire à la boisson et à la cuisson des aliment qui ne dépasse pas une moyenne de 3 litres par tête, et par jour, il ne paraîtrait pas impossible de soumettre à une distillation préalable la faible quantité de liquide réclamé par un usage aussi restreint.

Peut-être pourrait-on essayer d'utiliser à cet effet la radiation solaire, plus particulièrement intense sous le climat sec et le ciel transparent du Sahara. On s'est assez fréquemment préoccupé dans ces derniers temps des moyens de mettre à profit cette source de force naturelle et l'on s'en est beaucoup exagéré la puissance. L'effet mécanique qu'on peut en attendre, en tout pays, peut être exactement mesuré par la hauteur de la tranche d'eau superficielle évaporée annuellement. Cette hauteur, qui est au-dessous de 0m,40 à 0m,50 sous les climats brumeux du nord de la France, atteint 2 mètres sur les bords de la Méditerranée et très probablement 3 à 4 mètres dans le Sahara algérien. L'action calorifique reçue journalièrement par chaque mètre superficiel du sol ne dépasse pas, dans ce dernier cas, celle qui pourrait être réalisée par la combustion de 3 kilogrammes de houille d'une valeur moyenne de 0 fr. 10. On ne saurait admettre la probabilité de pouvoir jamais donner un emploi mécanique industriellement utile à une force d'une si faible intensité et d'une si grande intermittence. Sous ce rapport, la radiation calorifique se présenterait toujours dans de grandes conditions d'infériorité par rapport au vent, dont l'action est tout aussi générale, beaucoup plus intense, plus facile à recueillir et qui cependant est de moins en moins utilisée comme moteur.

L'emploi de la radiation calorifique ne paraît nettement indiqué que pour servir à un travail de distillation intermittente. Déjà, sous nos climats, on l'utilise pour l'évaporation à l'air libre de grandes masses d'eau à la superficie des marais salants. Le travail réalisé en un an, s'élevant à 15,000 ou 20,000 mètres cubes d'eau évaporée par hectare dans les salines de la Méditerranée, représente une consommation de près de 2,000 tonnes de charbon d'une valeur de plus de 60,000 francs.

On est donc assez naturellement amené à se demander si, avec des appareils qui ne seraient pas trop coûteux, on ne pourrait pas faire un pas de plus, utiliser cette force pour produire en vase clos, mais sur une plus modeste échelle, le travail de distillation nécessaire pour épurer les eaux servant aux usages domestiques des populations du Sahara.

Ramené à ces termes, le problème est parfaitement abordable, et il paraît *a priori* facile de comprendre qu'on puisse adapter à cet usage tout ou partie des toitures des habitations ou des magasins. En donnant à ces toitures la forme d'un miroir cylindrique à section parabolique ou circulaire, on pourrait concentrer l'action des rayons solaires sur une chaudière longitudinale occupant la ligne des foyers du miroir.

Toute la difficulté pratique devrait consister soit à faire mouvoir le miroir de manière à maintenir son axe dans la direction des rayons solaires, s'il était parabolique et mobile, soit à ne faire mouvoir que la chaudière parallèlement au miroir, s'il était fixe et circulaire. Ce sont là des détails pratiques qui pourraient être probablement résolus sans entraîner des dépenses hors de proportion avec les résultats qu'on devrait en attendre.

Chaque mètre superficiel pouvant évaporer annuellement dans le Sahara 3 à 4 mètres d'eau à l'air libre, soit 8 à 10 litres par jour, il suffirait d'utiliser le tiers de cette force en vase clos, pour suffire aux besoins domestiques d'un habitant. Ainsi disposées, les toitures d'un pays où il ne pleut pas serviraient à rectifier et à rendre potables les eaux saumâtres dans des conditions analogues à celles où elles sont utilisées dans nos pays pour recueillir les eaux pluviales des citernes. Dans quelques cas particuliers, lorsqu'on voudrait épurer d'un seul coup toute l'eau nécessaire aux besoins d'un groupe un peu important de population, dans un hôpital, une caserne, ces appareils pourraient être assez compliqués et entraîner une dépense notable ; mais dans le plus grand nombre de cas, réduits aux proportions que pourrait exiger l'alimentation d'une seule famille, ils seraient d'une installation des plus simples, à laquelle se prêterait parfaitement l'usage habituel des toitures en terrasses qui recouvrent la plupart des habitations du Sahara. Un miroir de 8 à 10 mètres de superficie, avec tous ses accessoires, pouvant suffire à la consommation de huit à dix personnes, ne paraîtrait pas de voir coûter plus de 350 à 400 francs et ne réclamerait que peu de frais annuels d'entretien ou de fonctionnement.

Si l'expérience confirmait mes prévisions, l'usage des appareils distillatoires à radiation solaire ne devrait pas tarder à se généraliser dans le Sahara ; mais la solution que j'indique serait-elle après essai reconnue inadmissible, qu'il resterait encore la ressource de recourir aux combustibles ordinaires, ce qui ne saurait entraîner une dépense beaucoup plus grande, car, pour une consommation annuelle de 1,000 litres environ par habitant, elle n'exigerait pas la consommation annuelle de plus de 100 kilogrammes de charbon d'une valeur de 3 à 4 francs.

On objectera peut-être que l'eau distillée ne constituerait pas par elle-même le type de la meilleure boisson. Quelques précautions seraient sans doute nécessaires pour l'aérer par un battage. Peut-être même faudrait-il l'additionner de certains sels minéraux nécessaires à l'action des fonctions digestives qui se trouvent dans les eaux de source naturelles. Il serait en outre utile, sinon indispensable au point de vue des exigences d'une civilisation plus raffinée, de propager l'emploi des appareils frigorifiques qui rendraient de si grands services dans les pays chauds, et il y aurait à rechercher si les deux opérations ne pourraient pas se faire en même temps, si la même usine ne pourrait pas à la fois distiller l'eau saumâtre et la condenser directement en tout ou partie à l'état de glace. Ce sont là des points de détail qui s'imposeront tôt ou tard à notre examen si nous voulons avoir des établissements sérieux dans le Sahara algérien. Au point de vue d'ensemble du chemin de fer transsaharien que nous devons surtout viser, la question particulière des eaux potables est une question de premier ordre que les ressources de l'industrie moderne nous permettront de résoudre facilement et qu'il ne faudrait pas confondre avec la question plus générale de l'approvisionnement de l'eau.

Les explications qui précèdent démontrent, en effet, que l'eau naturelle est loin d'être aussi rare qu'on le suppose dans l'ensemble du Sahara. Quelques régions particulières, quelques *hamadas* ou plateaux élevés sont, il est vrai, complètement dépourvues d'eaux de toute espèce ; mais ce ne sera qu'une affaire de quelques tuyaux et de quelques machines pour pourvoir à leur approvisionnement spécial lorsqu'on devra les franchir. Ce ne sera d'ailleurs que l'exception. Toutes les considérations possibles s'accordent, en effet, à démontrer que tant qu'il ne s'agira que d'établir une artère de jonction unique reliant l'Algérie au Niger, on devra s'attacher à suivre de préférence le tracé des grandes vallées qui, du sud au nord et du nord au sud, traversent l'étendue du désert, vallées sèches à la surface, mais recelant dans leur sous-sol des ressources en eaux naturelles suffisant largement non-seulement à tous les besoins domestiques des populations et au service de la voie de fer, mais, dans une certaine mesure, à une large extension des irrigations agricoles qui existent sur tout le parcours de ces vallées et qui pourraient être énormément développées.

Pour se convaincre de l'étendue de ces ressources négligées ou ca-chées, il suffit de jeter un coup d'œil en passant sur les innombrables ruines romaines qui s'alignent sur toutes les routes du Sahara, indi-quant l'ancienne existence en ces lieux, aujourd'hui si déserts, de po-pulations nombreuses, civilisées, qui devaient trouver à y vivre dans des conditions de sol et de climat analogues et probablement iden-tiques à celles de notre temps. Ces vestiges d'une civilisation éteinte, que douze siècles de sauvage barbarie n'ont pu entièrement effacer du sol, ne tarderont probablement pas à disparaître ; pans de murs, angles de fondations, pierres de taille éparses que l'on rencontre en-core si nombreux sur la route de Batna à Bîskra, serviront bientôt sans doute de matériaux pour la construction du chemin de fer. Au point de vue de l'art, on n'aura pas, il est vrai, grand'chose à regret-ter de cette dernière transformation. La vue de ces débris informes, tels qu'ils subsistent encore, n'en doit pas moins être pour nous d'un grand enseignement. Nous pouvons y puiser une légitime espérance dans l'avenir de nos efforts eu même temps qu'y trouver un pénible rapprochement. Les Romains n'avaient ni la supériorité d'armement militaire qui nous permet de prévenir toute velléité de résistance de la part des indigènes algériens, ni la vapeur, ni les chemins de fer, ni l'électricité qui, supprimant les distances, mettent nos colonies les plus lointaines aux portes de la mère patrie, ni la sonde artésienne faisant jaillir les eaux des couches les plus profondes du sol, ni tant d'autres procédés industriels qui nous permettent de plier à nos lois les forces naturelles et d'en décupler les produits. Leurs établissements coloniaux devaient forcément se suffire par eux-mêmes et vivre de leurs propres ressources. Les populations qui les habitaient devaient y naître et y mourir. Elles n'avaient pas cette facilité que nous donnent nos voies de communication modernes de se déplacer à volonté, de ne chercher au besoin dans une région étrangère qu'un lieu de station passagère que l'on habite ou que l'on quitte suivant les agréments variables des saisons. Fiers de tant d'avantages, nous devrions espérer un succès plus complet que celui de nos devanciers, et cependant nous ne saurions nous dissimuler l'infériorité des résultats que nous avons obtenus. Tandis qu'ils avaient su couvrir d'habitations et parfois de villes florissantes ces contrées désolées, depuis plus de trente ans que, franchissant les plateaux du Tell, nous avons étendu notre domination sur les vallées et les versants sahariens, nous n'avons pu y créer que de chétifs établissements ressemblant plutôt à des campements militaires qu'à des cités naissantes, et les indigènes, s'ils ont appris à redouter nos forces, n'ont vu s'améliorer en rien les conditions matérielles ou morales de leur état social.

Cet échec relatif ne peut s'expliquer que par la différence des procédés de colonisation mis en œuvre des deux parts.

En étendant sans cesse, sa domination sur des contrées nouvelles, Rome comptait moins sur elle-même que sur les peuples conquis pour régénérer ou mettre en valeur le sol qu'elle annexait à son empire. Elle songeait moins à exterminer ou humilier les indigènes qu'à les relever à leurs propres yeux, à les amener de gré ou de force à partager les bienfaits d'une civilisation supérieure, à devenir les citoyens de sa république universelle, se rattachant peu à peu à la patrie commune par une communauté de mœurs, de lois, de religion, d'habitudes sociales de toute sorte. C'est en latinisant les peuples vaincus plutôt qu'en voulant se substituer à eux pour l'exploitation directe du sol, que les Romains ont su, avec les ressources matérielles si bornées dont ils disposaient, jeter les bases de cette grande nationalité qui avait fini par étendre sa complète homogénéité sur la totalité du monde connu.

Imbus d'autres idées ou plutôt dépourvus de tout système réfléchi, nous ayons opéré au hasard ; et si nous voulions analyser nos procédés de colonisation, nous ne tarderions pas à reconnaître qu'ils se ressentent bien plus des pratiques des peuples barbares du moyen âge que des généreux souvenirs de la colonisation romaine.

Tenant à l'écart les indigènes, les parquant à tout jamais dans un dégradant isolement sous prétexte de respecter leurs droits nationaux, nous ne leur laissons d'autre perspective que de végéter obscurément à côté de nous, à l'état de caste distincte, dans des conditions d'infériorité se rapprochant plus du servage féodal que de l'égalité sociale du citoyen romain.

Deux peuples différents ne sauraient pourtant se perpétuer indéfiniment côte à côte sur un même sol à l'état de nationalités séparées. Un tel état social ne se retrouve que dans les pays d'ordinaire soumis à la domination musulmane, et l'on voit quels en ont été les résultats, après une occupation qui depuis plus de quatre siècles pèse sur les plus belles contrées du monde. Pour que la civilisation puisse prendre tout son essor et acquérir son développement normal, il faut qu'une entière fusion s'établisse entre les divers éléments de population. Cette fusion ne peut résulter que d'un écrasement complet du peuple vaincu oubliant dans un obscur servage tout souvenir, toute tradition de sa nationalité première, ou d'une lente et graduelle assimilation résultant d'une communauté d'intérêts et de tendance, réglée par la loi civile, donnant à tous les mêmes droits et le même but.

Le premier procédé, renouvelé de la barbarie des temps féodaux, répugne trop à la délicatesse de nos mœurs et de nos habitudes sociales pour que nous puissions sérieusement l'accepter en principe, en faire la base d'un système définitif de colonisation. Nous devons donc le proscrire entièrement pour nous rattacher au second ; car entre les deux principes il ne saurait y avoir de moyen terme possible.

Nous avons soumis l'Algérie par nos armes. La conquête matérielle est terminée. Il est temps de songer à la conquête morale du pays. — En nos mains il doit devenir terre française en entier, exclusivement peuplée de Français ; et comme nous ne saurions songer à y pourvoir complètement par des Français d'origine, nous ne devons avoir d'autre objectif que d'y suppléer en francisant au plus tôt les indigènes. La tâche peut être difficile, moins qu'on ne le suppose probablement. En tout cas, elle s'impose à nous et ce n'est qu'après l'avoir remplie que nous pourrons nous glorifier d'avoir sérieusement accompli notre mission civilisatrice.

ISBN : 978-1546595625

www.ingramcontent.com/pod-product-compliance
Lightning Source LLC
Chambersburg PA
CBHW061452180526
45170CB00004B/1666